AF501703

LES

ALCOOLS INDUSTRIELS

ET

L'AGRICULTURE

DANS LE CENTRE ET LE MIDI DE LA FRANCE.

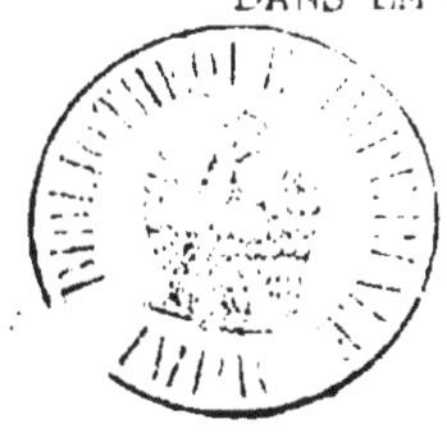

L'alcool n'est pas le but, il est le moyen.

BORDEAUX
IMPRIMERIE G. GOUNOUILHOU
PLACE PUY-PAULIN, 1.

1860

LES

ALCOOLS INDUSTRIELS

ET

L'AGRICULTURE

DANS LE CENTRE ET LE MIDI DE LA FRANCE.

I

La fabrication des alcools industriels était depuis longtemps pratiquée à l'étranger, avant que la France, riche de ses précieux vignobles, songeât qu'un jour elle aurait à s'occuper de cette industrie, sans qu'une seule voix s'élevât pour nous faire comprendre les bienfaits que l'agriculture devait en recevoir.

Jusqu'alors nous n'avions vu dans les distilleries que des fabriques d'alcool, et l'alcool nous était inutile. Les vignobles du Languedoc suffisaient seuls, et quelquefois surabondamment, aux besoins de l'exportation et de la consommation. Nulle concurrence ne semblait possible, car à la qualité jusqu'alors sans rivale de nos produits méridionaux, se joignait une abondance à laquelle les débouchés existants ne suffisaient plus : il s'en ouvrit subitement d'immenses. La découverte des mines d'or de la Californie et de l'Australie, le mouvement inouï d'émigration qui s'opéra vers ces riches placers, les besoins de ces populations nouvelles dans un pays où tout manquait excepté l'or, les progrès de la navigation à vapeur, les relations internationales accrues et facilitées, imprimèrent au mouvement commercial une activité que nul n'eût osé prévoir.

L'oïdium parut alors, et vint tarir la source de nos richesses au moment même où nos plus abondantes récoltes n'eussent pas suffi. Il fallut recourir aux produits industriels pour combler le déficit. Les sucreries du nord de la France se transformèrent en distilleries. Leurs alcools, fabriqués avec soin, furent, la disette aidant, acceptés sur tous les marchés, même sur les marchés du Midi. Mais les besoins s'agrandissaient chaque jour ([1]), et bientôt les distilleries du Nord furent elles-mêmes impuissantes à les satisfaire. Le gouvernement intervint : il ouvrit nos ports aux vins et aux alcools étrangers, en réduisant les anciens droits à 15 fr. par hectolitre d'alcool pur. Plus tard, ce droit fut porté à 25 fr. Pour les vins étrangers, les droits furent réduits à 25 c. par hectolitre, ce qui équivaut à une entrée libre.

Alors les alcools étrangers inondèrent nos entrepôts, et l'Angleterre, en nous adressant ses alcools de grains, si justement appréciés, nous révéla la première ce que ce produit pouvait atteindre de perfection.

([1]) Nos exportations en vins et spiritueux prennent, chaque année, une importance plus grande. Voici, d'après le *Moniteur,* ce qu'elles ont été dans les trois dernières années :

	1857. HECT.	1858. HECT.	1859. HECT.
Vins ordinaires.........	1,098,102	1,580,299	2,478,865
— de liqueur.........	26,372	39,401	66,968
Eaux-de-vie (alcool pur)	154,903	137,145	268,230
Esprits 3/6 —	8,820	70,325	56,112

Le mouvement de 1859 dépasse le double de celui de 1857.

Cette industrie prit un rapide développement dans le nord de la France, qui semblait vouloir partager avec l'étranger un monopole que le Midi ne songeait pas à lui disputer. D'où pouvait venir cette indifférence? Ne craignons pas de le dire, les idées industrielles entrent difficilement dans nos esprits. La nature a tant fait pour nous, que nous sommes trop disposés à lui laisser tout faire. Puis, dans la pensée du plus grand nombre, les alcools industriels n'étaient bons qu'à venir en aide à la vigne aux époques exceptionnelles de disette. Le commerce, obligé de recourir à cet auxiliaire dédaigné, marquait d'avance le jour où le nouveau produit devait disparaître et laisser la place à son aîné. — Ce jour était celui où la vigne retrouverait sa fécondité.

Cette fécondité, nous l'avons revue, et l'alcool industriel n'a pas cessé un seul jour d'être coté sur nos marchés. L'expérience est faite : la vigne est à jamais impuissante à suffire aux besoins, et ne craignons pas de le dire, ses alcools (nous ne parlons pas des eaux-de-vie) n'atteindront jamais la finesse et la neutralité de goût des alcools de grains.

Les alcools industriels sont donc indispensables. Ils ont pris droit de bourgeoisie chez nous, et nous devons, nous les anciens pourvoyeurs du monde, nous résoudre à en devenir les tributaires, à moins que nous ne fassions nôtre cette féconde industrie.

II

Ces faits, dont la vérité ne saurait être discutée, démontrent suffisamment à quel point les alcools industriels sont indispensables au commerce.

Notre agriculture est également intéressée à la création de nombreuses distilleries.

Nous l'avons dit dans une autre circonstance : ce qui manque à nos terres, ce sont les engrais qui fécondent ; ce qui manque aux rudes travailleurs de nos campagnes, c'est la viande qui nourrit.

Le bœuf de travail donne peu de fumier comparativement à celui que produit le bœuf à l'engrais. Par suite de la cherté des fourrages, le nombre de ces derniers est en disproportion choquante avec les besoins de l'agriculture, avec les nécessités de la consommation.

C'est à peine si nous avons en France une tête de gros bétail par 10 hectares de terre.

Une statistique qui ne comprendrait que le Midi, établirait une moyenne moindre encore.

Pour donner une fumure convenable à nos champs, une tête suffirait à peine à un hectare. De là, cette nécessité pour le cultivateur de recourir aux engrais commerciaux, dont le prix élevé l'oblige à ne donner à ses terres qu'une fumure insuffisante. Mais, alors même que les engrais commerciaux seraient, par leur prix, à la portée de tous les cultivateurs, que leur efficacité égalerait celle des fumiers d'étables, ils ne seraient encore propres qu'à accroître les récoltes, sans produire aucune diminution sur le prix de la viande.

Ce que l'agriculture, livrée à ses propres ressources, ne pourra jamais accomplir, elle l'obtiendra en se faisant industrielle.

Les distilleries agricoles sont le premier pas à faire pour arriver à ce résultat.

Nous ne nous dissimulons pas que la création de pareils établissements nécessite des dépenses trop considérables pour la petite propriété ; mais le grand propriétaire qui aura établi sur ses domaines une distillerie, produira une nourriture saine, abondante et peu coûteuse non-seulement pour ses besoins, mais encore pour ceux de ses voisins.

III

Le nombre des substances qui peuvent être converties en alcool est infini.

N'examinant cette industrie qu'au point de vue des intérêts agricoles et commerciaux, nous divisons la fabrication des alcools industriels en deux grandes classes : les alcools de racines et de tubercules, les alcools de grains.

La betterave, la plus connue des racines alcoolisables, est cultivée dans le nord de la France, depuis longues années, pour la fabrication du sucre. Cette circonstance y a favorisé la création d'un grand nombre de distilleries et la transformation en fabriques d'alcool de sucreries importantes.

Des savants et des industriels d'un mérite incontestable ont réalisé, dans la fabrication de l'alcool de betterave, des progrès réels. Nous croyons que ce produit a atteint toute la perfection dont il est susceptible ; mais cette perfection relative est bien loin d'atteindre la neutralité absolue que recherche le commerce. L'alcool de betterave ne peut être employé que pour la fabrication des liqueurs communes et des eaux-de-vie de basse qualité. Quels que soient les soins apportés à sa fabrication, il est et sera probablement toujours entaché d'un goût *sui generis* qui se développe au mouillage et se trahit surtout en vieillissant, même dans les opérations les mieux faites. Néanmoins, la fabrication des alcools de betterave a rendu de grands services au commerce, qui a besoin de produits à la portée de toutes les bourses, et de non moins grands à l'agriculture, en fournissant, par ses résidus, qui sont les mêmes que ceux des sucreries, une excellente nourriture pour le bétail.

Beaucoup d'autres racines peuvent produire de l'alcool ; aucune d'elles n'offre à l'agriculture et à la distillation des avantages assez prouvés pour qu'il y ait lieu d'en parler.

Dans le grand nombre des tubercules alcoolisables, la pomme de terre et le topinambour méritent seuls aussi de fixer l'attention.

La pomme de terre, convenablement traitée, est susceptible de donner d'excellents produits ; mais ce tubercule atteint, à de rares exceptions près, des prix trop élevés pour que sa transformation en alcool nous paraisse avantageuse. Les procédés d'extraction ne sont pas les mêmes que pour la betterave et le topinambour ; la pomme de terre doit être traitée à peu près comme les grains. Ce que nous dirons plus bas de ceux-ci lui est en tous points applicable.

Les qualités par lesquelles le topinambour se recommande aux distillateurs agricoles lui assurent le premier rang parmi les tubercules et les racines alcoolisables. Cette précieuse plante est appelée à rendre à l'agriculture des services égaux à ceux qu'a rendus la pomme de terre.

La culture du topinambour est facile ; ses rendements

sont beaucoup plus considérables que ceux de la betterave ou de la pomme de terre; il redoute peu les intempéries des saisons, s'accommode de tous les terrains, depuis les sables arides de nos landes jusqu'aux plus riches alluvions; il nettoie les terres sans les épuiser, et les prépare admirablement bien à recevoir les prairies artificielles et toutes les récoltes sarclées. Sa richesse alcoolique est à celle de la betterave dans la proportion de 7,35 à 4. Les résidus de la distillation de ce tubercule sont excellents pour le bétail, et peuvent être très-longtemps conservés dans des silos. Ils produisent les meilleurs résultats pour l'élève et l'engraissement des bœufs, des porcs et des brebis. Enfin, l'alcool de topinambour se fait remarquer par une incontestable supériorité sur les autres alcools de tubercules ou de racines.

Nous ne saurions donc assez engager nos agriculteurs à cultiver le topinambour de préférence à la betterave. Si le Nord ne nous a pas donné l'exemple, cela tient à deux causes. Dans le Nord, la betterave trouve emploi non-seulement dans les distilleries, mais encore dans les sucreries; en second lieu, le climat froid et brumeux de nos départements septentrionaux est peu favorable à la culture du topinambour. Ce tubercule est donc une conquête précieuse pour nos départements du centre et du midi, où il peut remplacer très-avantageusement la betterave, tant pour la distillation que pour l'engraissement du bétail.

Trois de nos départements méridionaux, la Gironde, les Landes et la Haute-Garonne, ont d'immenses territoires incultes. Quand on parcourt la ligne ferrée qui réunit Bordeaux à Bayonne, l'esprit s'attriste, le cœur se serre à l'aspect de ces steppes arides [1]. Le gouvernement songe aux moyens de rendre ces déserts à la vie; des spéculateurs, pleins de foi dans l'avenir, ont acheté des terrains qu'ils ont ensemencés en grande partie. Jusqu'à ce jour, en effet, le boisement a été considéré comme le seul moyen d'utiliser les landes aujourd'hui, de les fertiliser plus tard. Ce système a rendu et rendra encore de grands services; mais on lui demande trop : le boisement ne créera ni les engrais ni les bras que réclament ces terrains arides et dépeuplés. Avec un système général et bien entendu de routes agricoles et de canaux, c'est aux distilleries, c'est à la culture du topinambour qu'il faut demander la régénération des landes.

IV

L'alcool est le résultat de la transformation que subit le sucre par la fermentation; comme le raisin, la betterave et le topinambour contiennent le sucre tout fait, il suffit d'en faire fermenter les jus.

Les céréales, au contraire, comme toutes les matières amylacées, ont besoin de subir une préparation préalable qui transforme la fécule en sucre.

Avant donc de parler de l'alcoolisation des grains, nous devons dire un mot de celle des sucres et des mélasses ou sirops, qui doivent, à peu de chose près, être

[1] Les landes incultes occupent, sur le territoire de notre belle France, une superficie de 2,706,672 hectares 24 ares 78 centiares.

Les départements des landes de la Gironde et de la Haute-Garonne figurent à eux seuls, dans ce relevé, pour 263,341 hectares 1 are 50 centiares, c'est-à-dire le dixième à peu près des terrains incultes de la France entière.

traités comme le sont les jus de betteraves et de topinambours.

L'alcoolisation des sucres n'est possible, à cause du prix élevé de la matière première, que lorsque les spiritueux sont à des cours très-élevés.

Les alcools de mélasses de betteraves sont entachés du goût que nous avons reproché aux spiritueux extraits de cette racine. Les mélasses de canne donnent des produits meilleurs, toujours reconnaissables cependant à un léger goût de brûlé, qui se développe en les mélangeant avec de l'eau.

La fabrication de ces alcools peut présenter quelque intérêt au point de vue du marché des spiritueux et pour l'écoulement des basses matières des sucreries et des raffineries de sucre. L'agriculture n'a rien à en attendre. Les résidus de cette distillation sont complétement impropres à l'alimentation du bétail [1]. On peut en extraire des sels utiles à l'industrie et aux arts.

V

A tous les avantages que présente l'alcoolisation des racines et des tubercules, la distillation des grains joint celui de donner des produits qui sont, jusqu'à ce jour, sans rivaux. Leur neutralité absolue, leur finesse, les rendent propres à tous les emplois et les font préférer, pour la fabrication des liqueurs et des eaux-de-vie, aux meilleurs alcools du Languedoc, dont le mérite consiste,

[1] En recueillant ces résidus dans des fosses, ils y déposent un excellent engrais; mais les miasmes qui s'exhalent de ces dépôts sont dangereux.

tout au contraire, dans un parfum particulier, qui trahit constamment leur présence.

Deux procédés rivaux permettent de transformer les grains en alcool. Nous n'avons pas à les décrire; nous ne nous occupons que de leurs résultats au point de vue des intérêts agricoles.

VI

Le premier de ces procédés consiste à traiter les grains par la macération, c'est-à-dire à opérer la saccarification de la fécule par la diastase contenue dans l'orge germé ou malt, sans aucune addition d'acide.

Les grains traités par ces procédés ne produisent pas seulement un alcool de qualité irréprochable, ils donnent encore d'abondants résidus qui sont une véritable richesse pour l'engraissement et l'élève du bétail.

C'est par ces résidus que les distilleries de grains sont appelées à rendre à l'agriculture d'importants services. Nous allons essayer d'en faire comprendre l'étendue.

La fabrication de l'alcool n'enlève aux grains qu'un élément absorbé en grande partie par la respiration. Les substances azotées restent en entier dans les résidus. La valeur nutritive de ces derniers est par conséquent très-grande, et, à très-peu de chose près, égale à celle du grain lui-même. Le bétail en est très-friand; l'engraissement est rapide : 90 à 120 jours suffisent pour un bœuf ou une vache.

Nous avons dit plus haut que le nombre de têtes de gros bétail n'était pas en rapport avec les besoins de l'agriculture, les nécessités de nos marchés. Dans l'état actuel de la propriété, il ne peut en être autrement, et nous ne voyons d'autre remède à ce mal que dans la création de nombreuses distilleries, qui, remplaçant les fourrages par les résidus, la vaine pâture par la stabulation, accroîtront en peu d'années nos richesses en bestiaux de toutes sortes, et produiront des engrais pour nos champs, de la viande pour nos marchés.

C'est donc à tort qu'on a pu voir un danger, pour nos ressources alimentaires, dans les distilleries de grains. Ces ressources, les distilleries travaillant par la macération doivent les accroître au lieu de les diminuer.

Une distillerie de grains peut rendre en substances alimentaires plus qu'elle ne consomme.

Cette assertion ressemble à un paradoxe, des chiffres en feront une vérité.

Le seigle, le maïs et l'orge sont les grains le plus communément employés pour la distillation [1] Leur rendement en alcool étant en moyenne de 30 à 33 0/0, on peut évaluer que 320 kilog. de grains donnent 1 hectolitre d'alcool.

Au bout de 300 jours de travail, une distillerie fabriquant 20 hectolitres d'alcool par jour aura absorbé en seigle, maïs ou orge, 1,920,000 kilog.

Voici, sans y comprendre l'alcool, ce qu'elle aura produit :

Chaque hectolitre d'alcool fournit en résidus la nour-

[1] Il est triste d'être obligé de considérer le maïs et l'orge comme des substances alimentaires. L'hordeine ou pellicule de l'orge entre pour 55 0 0 dans le poids de ce grain. Quant au maïs, personne n'ignore que c'est à cet aliment qu'est attribuée la pellagre des Landes. Combien ne serait-il pas à désirer que ces grains, trouvant un placement avantageux dans les distilleries, fussent, du moins en partie remplacés comme substances alimentaires par le froment !

riture de 20 bœufs ou leur équivalent en vaches, porcs ou moutons. La distillerie dont nous parlons pourra donc avoir dans ses étables 400 bœufs, et l'engraissement s'obtenant en moyenne en 100 jours, elle livrera à la boucherie 1,200 bêtes par an.

Il résulte d'expériences faites par le Comice agricole de Lille, et dont nous avons pu constater l'exactitude, que chaque bœuf, soumis à ce mode d'engraissement, croît en moyenne d'un kilog. par jour. Nous arrivons ainsi, au bout de 300 jours, à une production de 120,000 kilog. de viande.

Les engrais, en appliquant à ces 400 bœufs les calculs de Mathieu de Dombasle, s'élèveront, au bout de l'an, à 7,320 mètres cubes de fumier solide, c'est-à-dire, à raison de 60 mètres cubes par hectare, la fumure de 122 hectares. Une surface égale pourra être fumée à l'aide des purins, que la disposition des étables permet de recueillir dans des fosses pour être ensuite répandus dans les champs [1].

On comprend tout ce qu'une pareille fumure doit avoir d'influence sur les récoltes de toute sorte. L'accroissement de production qui doit en être le résultat ne peut évidemment être chiffré d'une manière absolue. Nous croyons rester au-dessous de la vérité, dans notre évaluation, en représentant cet accroissement de récolte par 10 hectolitres de froment à l'hectare, ce qui nous donnerait 2,440 hectolitres, soit, en poids, 195,200 kilog.

Dans les évaluations qui précèdent, nous n'avons cal-

[1] Dans presque toutes les exploitations agricoles, on laisse perdre le purin. Personne n'ignore cependant la richesse de cet engrais. La plupart de nos cultivateurs auraient, du reste, d'utiles réformes à apporter dans la manière dont ils disposent leurs fumiers.

culé que le produit de l'engraissement du bétail et l'excédent de récolte résultant des fumures. Dans le plus grand nombre des cas, n'est-ce pas assigner à la production des distilleries des limites trop étroites?

L'industriel agricole ne se bornera pas à être engraisseur : il se fera nécessairement éleveur. En outre, l'immense débouché qu'offriraient les distilleries aux producteurs de bétail doit infailliblement donner un grand développement à leur industrie. Ce ne serait plus alors quelques quintaux de viande d'engraissement que les distilleries auraient produits, mais un nombre considérable de têtes de plus créées pour les seuls besoins de cette féconde industrie.

La culture agrandie et facilitée s'étendra aux terrains abandonnés aujourd'hui faute de bras, faute d'engrais. L'intérêt même du cultivateur industriel le portera à rechercher de préférence ces terrains infertiles; car, en les rendant à la vie, il verra s'accroître son capital en même temps que son revenu par la plus-value que ces terres acquerront chaque année.

Dans cet ordre d'idées, et c'est le vrai, n'est-il pas rationnel de considérer les distilleries comme créatrices des bestiaux qu'elles auront engraissés, des récoltes provenant des terres qu'elles auront fertilisées? Alors, ces produits pouvant leur être attribués en entier, une distillerie fabricant 20 hectolitres d'alcool de grains par jour, aurait augmenté nos richesses alimentaires des quantités suivantes :

Production de 244 hectares de terre en récoltes de toute nature, dont nous évaluons l'équivalent en froment à 30 hectolitres, soit 2,400 kilogrammes à l'hectare. 585,600

Douze cents bœufs, ou leur équivalent en vaches, porcs ou brebis, à une moyenne de 400 kilogrammes le bœuf. . . . . 480,000 [1]

En outre, les distilleries de grains, surtout si elles sont voisines d'un port de mer, peuvent s'alimenter, en grande partie, en grains et riz avariés, tranformant ainsi en alcool, en viande et en féconds engrais, des substances impropres à l'alimentation et souvent insalubres à ce point que l'autorité en exige l'immersion lorsque les détenteurs n'ont pas la possibilité de les faire distiller.

VII

Ainsi, par les distilleries de racines et surtout par les distilleries de grains, nos richesses nationales s'accroissent de produits nouveaux, notre sol s'agrandit des pacifiques conquêtes faites par la culture sur la stérilité. Mais, hâtons-nous de le dire, ces bienfaits que l'agriculture attend des distilleries de grains, elle ne les recevra que de celles où l'on opère par la macération.

Le procédé rival supplée à la macération par l'emploi des acides. Nous n'hésitons pas à qualifier ce procédé de barbare et de destructeur.

Dans la distillation des grains par les acides, la saccarification est obtenue à l'aide d'une ébullition plus ou moins prolongée dans de l'eau additionnée d'acide sulfurique. La saturation de l'acide se fait ensuite, avant la

[1] L'analyse des substances consommées et produites par les distilleries permet d'en établir la valeur comparative pour l'alimentation. Les chiffres ci-dessus donneront un excédent en faveur de la production.

fermentation, à l'aide de craie. Les résidus, imprégnés de ces substances malsaines, sont complétement impropres à l'alimentation du bétail ; mais, ce qui est pis encore, ils ne sont pas seulement inutiles, ils sont dangereux.

Le travail par les acides nécessite une installation bien plus facile, bien moins compliquée que par la macération : pas de germoir, pas de touraille, pas de moulin, pas de macérateurs, pas d'étables surtout, etc., etc. Une usine, sans être très-importante, peut très-facilement produire 40 hectolitres d'alcool par jour ; elle enlève ainsi à l'alimentation publique, *sans rien produire en échange*, 12,800 kilogrammes de grains toutes les vingt-quatre heures. Chaque hectolitre d'alcool obtenu par ce procédé représente, en moyenne, 22 à 25 hectolitres de résidus, ce qui donne, chaque vingt-quatre heures, un total de 1,000 hectolitres dont il faut se débarrasser à tout prix. Où les conduire ? Dans un cours d'eau ? A moins que ce ne soit un grand fleuve, il sera rapidement dépeuplé et ses eaux rendues malsaines pour les hommes et pour les bestiaux. Les recueillera-t-on dans des fosses pour les faire évaporer dans l'atmosphère, absorber par le sol ? Ils s'y corrompront rapidement, et, dans l'été surtout, ces fosses deviendront des foyers d'infection d'où s'exhaleront des miasmes délétères. Les municipalités qui ont le malheur de posséder dans leur sein de pareils établissements, s'en sont trop préoccupées pour qu'il soit besoin de prouver ce que nous avançons.

Nous voyons donc, dans ces établissements, un danger pour la salubrité publique, un danger pour l'alimentation dont elles absorbent les ressources sans fournir à l'agriculture les moyens d'en créer de nouvelles, un danger pour nos propriétés vinicoles et pour les distilleries agricoles, qu'elles menacent d'une concurrence sans limite par la facilité avec laquelle ces établissements peuvent accroître leur production.

Comment donc se fait-il qu'avec un Gouvernement qui a donné à nos populations rurales tant de gages de sa sollicitude, qui a le génie qui fait concevoir les grandes choses, la volonté qui les fait entreprendre et la puissance qui les réalise, comment se fait-il que la distillation des grains par les acides soit tolérée? A coup sûr le Gouvernement a été mal renseigné. Dans cet élan généreux qui le pousse vers l'abolissement de toutes les prohibitions, il n'a vu que la barrière à renverser : le danger que nous signalons s'abritait à son ombre.

VIII

La distillation des grains naissait à peine en France lorsqu'un décret impérial la probiba.

Deux années de mauvaise récolte pesaient sur la France inquiète. Les grains étaient à des prix élevés; on voyait dans les distilleries, peu connues encore, des menaces de hausse nouvelle. Dans la pensée des poputions ignorantes, les distilleries étaient des gouffres où venaient s'engloutir nos dernières ressources alimentaires; on voyait l'absorption, on ignorait la production. Il fallait calmer les esprits : l'interdiction dont nous venons de parler les calma. Elle put léser de nombreux intérêts, mais elle donna satisfaction à des inquiétudes respectables.

L'abondance revint, et le Gouvernement se hâta de rapporter son décret d'interdiction : sa première mesure fut l'autorisation de distiller les riz et les grains avariés. Peu après, le 10 novembre 1857, un nouveau décret autorisa la distillation des céréales de toute nature, mais par les seuls procédés qui permettaient d'en faire consommer les résidus au bétail.

Ce sage décret, qui prohibait par restriction l'emploi des acides, répondait à tous les besoins, satisfaisait tous les intérêts; aussi regrettons-nous d'avoir à enregistrer à sa suite celui du 5 février 1859, qui autorise la distillation n'importe par quel procédé.

Ainsi que nous l'avons dit plus haut, le plus grand nombre n'a vu, ne voit encore dans les distilleries que l'alcool. Cependant, dans les distilleries telles que nous les comprenons, telles que les économistes sérieux les comprennent, l'alcool n'est pas le but, il n'est que le moyen.

Ce dernier décret passa donc à peu près inaperçu. Les grands intérêts agricoles qu'il mettait en question ne furent pas compris. Quelques voix s'élevèrent cependant pour en signaler les dangers. Dans son numéro du 22 février, le journal la *Presse* publia, à l'occasion de ce décret, un remarquable article de M. Jacques Valserres, dont nous croyons devoir reproduire ici quelques passages, regrettant de ne pouvoir le citer en entier.

Après avoir énuméré quelques-uns des bienfaits de la distillation des grains par la macération, les avoir appuyés de chiffres exacts, l'éminent publiciste ajoute :

« Ces chiffres montrent combien il serait important de » supprimer les acides dans la distillation des grains. » Sous ce rapport, le décret du 10 novembre 1857 ou- » vrait à l'agriculture une vaste carrière Le décret du » 5 février 1859, qui permet l'usage des acides, doit

» avoir des conséquences funestes. En fait, la distillation des grains comme celle des betteraves et des autres produits, ne doit avoir qu'un but, c'est de procurer de la nourriture au bétail et de fournir pendant l'hiver une main d'œuvre constante aux travailleurs ruraux. Or, si l'on permet aux distillateurs en grand de mettre des acides dans leurs cuves, on porte évidemment atteinte à l'élève et à l'engraissement du bétail. Restreindre le chiffre du bétail, c'est réduire la fabrication des engrais, c'est appauvrir la terre, c'est n'avoir que des récoltes insuffisantes.

» Bien qu'exercée jusqu'à ce jour dans de grandes usines, la distillerie appartient essentiellement à l'agriculture..... ; ce système, sagement appliqué, nous conduirait à la réalisation de l'agriculture industrielle, vers laquelle doivent tendre tous nos efforts..... La question des distilleries agricoles est donc fort importante. Le décret du 10 novembre 1857, qui défendait de mettre des acides dans les cuves, devait, d'ici à peu de temps, décentraliser cette industrie..... Le décret du 5 février 1859 nous ramènera infailliblement à la centralisation des grandes usines. Nous croyons que les tendances du décret du 10 novembre étaient bien préférables au double point de vue de l'accroissement du bétail et du bien-être de nos populations rurales. »

Quelques jours avant, le 17 février, un journal belge, le *Télégraphe,* sous le titre de : *Question alimentaire,* exprimait en ces termes son opinion sur ces décrets :

« Ce décret (10 novembre) répondait à tous les besoins : en donnant satisfaction aux intérêts de la distillerie, il assurait à l'agriculture des bienfaits incalculables. A quelle nécessité, à quels nouveaux besoins

» répond le nouveau décret? J'y vois des inconvénients » nombreux, mais je cherche vainement les services qu'il » peut rendre.

» La France, le premier pays vinicole, n'a aucun in- » térêt à favoriser outre mesure la production des alcools » industriels. La vigne est sans doute insuffisante en face » des besoins toujours nouveaux qui se produisent; mais » l'industrie doit être pour elle une auxiliaire et non une » rivale : elle ne doit être favorisée qu'en raison des » avantages qu'elle peut offrir à l'agriculture. Or, l'alcoo- » lisation par les acides n'en offre aucun. L'emploi de » ce système n'exige pas des établissements d'une instal- » lation difficile; il peut, dans un moment donné, jeter » sur le marché des quantités immenses d'alcool. De là » double danger : pour la vigne dont il avilit les produits, » pour la consommation dont il restreint les ressources, » sans rendre au sol les riches engrais que lui offrent les » distilleries opérant par les procédés de macération qui » doublent sa fécondité. . . . .

. . . .

» Les distilleries par la macération rendent en définitive » à la consommation des quantités de substances alimen- » taires plus considérables que celles qu'elles absorbent.

» Si ce fait certain était une fois reconnu, les distille- » ries industrielles et agricoles deviendraient bientôt po- » pulaires en France. Le peuple des campagnes, loin de » voir dans leur existence un danger, les accueillerait au » contraire comme une source de prospérité. Que faudrait- » il pour que ce progrès se réalisât? Il suffirait que le Gou- » vernement appelât l'attention des comices agricoles sur » cette question importante, et surtout qu'une législation » définitive et invariable fût adoptée, afin de faire cesser

» les appréhensions des possesseurs d'usines : alors seu- » lement les capitaux se porteraient avec confiance vers » ces créations fécondes.

» Les divers décrets rendus par le Gouvernement sur » la matière, tout en témoignant de sa louable sollicitude, » indiquent évidemment une insuffisance de lumière sur » la question. N'y aurait-il pas lieu, pour mettre fin à » ces tâtonnements, de nommer une commission com- » posée d'hommes spéciaux pour instruire ce grand pro- » cès d'économie politique? »

Ces voix isolées ne furent pas entendues, car elles auraient été écoutées. Le moment nous a paru favorable pour nous en faire l'écho. Chacun a lu la lettre de S. M. l'Empereur. Après avoir fait la France grande par la guerre, grande par la paix ; après l'avoir montrée au monde grande par les arts et par l'industrie, il la veut grande par le commerce, qui réunit les peuples; grande par l'agriculture, qui les nourrit, qui les fait forts, nobles et bons.

Favorisées par les traités de commerce qui s'élaborent, les transactions commerciales vont prendre un développement dont il est impossible de prévoir l'importance. L'agriculture profitera des débouchés nouveaux qui vont s'ouvrir à ses vins, à ses eaux-de-vie. Quant aux alcools, ils seront pour elle soit un puissant auxiliaire, soit un concurrent dangereux, suivant les procédés de fabrication que le Gouvernement croira devoir protéger ou prohiber.

IX

Il ne suffirait pas d'avoir exposé les avantages que notre agriculture doit recevoir des distilleries agricoles industrielles, si nous ne démontrions pas la possibilité de les introduire dans notre Midi.

Rien ne prouve comme l'exemple. Qu'il nous soit donc permis de citer le nôtre; qu'il nous soit permis d'être fiers d'avoir ouvert la voie dans laquelle nous appelons des imitateurs.

La distillerie agricole que nous avons créée en 1856 à Larochefoucauld, près Angoulême (Charente), nourrit, tant dans ses étables que chez les cultivateurs voisins, 500 têtes de gros bétail et tout autant de porcs. Elle est installée de façon à travailler simultanément ou séparément les topinambours, qui font une des sources importantes de la richesse agricole du pays, et les grains, par les procédés de macération (système E. Hainaut, b. s. g. du g.).

L'empressement des cultivateurs, grands et petits, à venir s'approvisionner de résidus pour la nourriture de leurs bestiaux, dont ils ont accru le nombre, est le meilleur de tous les témoignages en faveur de ce genre d'alimentation.

L'an dernier, le Comice agricole d'Angoulême a sanctionné la valeur et la réalité des résultats obtenus, en accordant à nos bestiaux deux premiers prix, l'un pour la race bovine, l'autre pour la race porcine.

Nos produits alcooliques, médaillés à l'Exposition de Bordeaux, où les juges compétents en cette matière ne font pas défaut, reçoivent du commerce un accueil qui prouve que la France peut revendiquer son rang et atteindre la perfection à laquelle l'Angleterre a su, la première, élever les alcools industriels.

Le lecteur nous pardonnera d'avoir parlé de nous. Dans une question d'intérêt public et de prépondérance nationale, nous avons pu citer notre exemple sans vanité, nous avons dû le faire sans fausse modestie.

X

Fertilisation et mise en rapport des terres incultes et stériles;

Augmentation de rendement des terres cultivées;

Abaissement du prix du pain par l'accroissement des récoltes;

La viande mise à la portée d'un plus grand nombre par la diminution progressive de son prix, résultat infaillible de la multiplication du bétail;

Tel est le programme à l'accomplissement duquel les distilleries agricoles doivent puissamment contribuer.

Les services qu'elles doivent rendre s'arrêtent-ils là?... Non.

Quelque restreinte que soit l'échelle sur laquelle il convienne d'établir une distillerie par la macération, un mouvement considérable se crée autour d'elle. Elle occupe un nombre important d'ouvriers, qui trouvent dans un travail modéré, intelligent, salubre, une rémunération en rapport avec leurs besoins; salaire, qu'à l'encontre des autres industries, celle de l'alcoolisation peut élever en proportion de la hausse des subsistances.

Au point de vue des intérêts hygiéniques et matériels, les ouvriers des distilleries ne sauraient trouver un travail préférable. Mais si l'on considère que c'est dans les campagnes, et surtout dans les campagnes les plus abandonnées, que ces nouveaux centres ont le plus d'intérêt à se créer, ne voit-on pas en eux la réalisation d'un grand progrès, un élément à la décentralisation des villes? — ces milieux absorbants des forces vives de nos campagnes!

XI

En matières premières, en produits de toute nature, une usine qui fabrique 20 hectolitres d'alcool en vingt-quatre heures, crée un mouvement de *va et vient* de 20 tonnes par jour. Elle occupe vingt-cinq ouvriers, sans compter ceux qui sont adonnés aux travaux des champs, aux soins des étables, les chargeurs, camionneurs, tonneliers et ouvriers de tous états pour les réparations et entretien des bâtiments, machines et appareils.

Ce mouvement important, la mise en valeur des terrains incultes, qui participeront dès lors à la répartition de l'impôt, accroîtront les revenus de l'État en même temps que la fortune publique. Par l'alcool seul, une distillerie qui produit 20 hectolitres par jour, représente pour l'impôt indirect un revenu journalier de 1,200 fr. Si cet alcool s'exporte, ces 20 hectolitres, mis en caisses, représentent pour notre marine 18 tonnes d'encombrement; l'impôt indirect n'est plus immédiatement perçu; mais le mouvement qui le remplace produit bien davantage encore.

L'insuffisance de notre production nationale nous oblige à demander à l'étranger les vins communs et les alcools que réclament nos exportations; par les distilleries françaises, nous nous affranchissons de ce tribut, en profitant de tous les avantages de la production ([1]). La vigne n'a donc pas à redouter la concurrence de cette industrie; elle est son auxiliaire, elle ne peut être sa rivale.

La destination immédiate de la vigne est la production du vin et de l'eau-de-vie; elle ne peut et elle ne doit pas être la fabrication de l'alcool.

([1]) On ne se rend pas assez bien compte des pertes qu'éprouve une nation lorsque l'insuffisance de sa fabrication d'un produit dont il lui serait facile d'avoir le monopole, l'oblige à recourir aux importations de l'étranger. Il résulte des tableaux officiels, que dans les trois dernières années, les importations en vins et spiritueux ont été les suivantes :

	1857. HECT.	1858. HECT.	1859. HECT.	
Vins de toutes sortes....	725,710	113,170	127,547	
Eaux-de-vie (alcool pur).	107,078	33,177	36,655	44,962 hectol.
Esprits —	269,541	5,884	8,307	alcool pur pour 1859.

En n'estimant les vins qu'à 50 fr. l'hect. et les spiritueux qu'à 125 fr. les 100 litres d'alcool pur, les quantités importées en 1859 représentent, pour cette seule année, une somme de 11,997,600 fr. que nous avons payée à l'étranger. Le bénéfice de la fabrication des alcools a été perdu pour nos fabricants, le prix de la main-d'œuvre pour nos ouvriers, la viande et les engrais pour nos populations et pour nos champs. Ces 44,962 hectol. d'alcool représentent le travail d'un an de sept à huit distilleries, fabricant 20 hectol. d'alcool par jour, et qui eussent occupé, *pour la fabrication seulement*, deux cents ouvriers.

Les résidus produits par ces alcools eussent suffi à l'engraissement complet de 9,000 bœufs, qui auraient produit 3,600,000 kil. de viande, 54,000 mètres cubes de fumier solide, et 450,000 hectolitres de purin. En 1857, les importations en alcool pur se sont élevées au chiffre énorme de 376,619 hectol. Que l'on calcule ce que les distilleries françaises auraient produit de viande et d'engrais, le nombre de bras qu'elles auraient occupés si notre industrie nationale, *à laquelle appartient cette production*, avait été en mesure de répondre à tous les besoins.

Le temps n'est plus où la difficulté des transports s'opposant au déplacement des masses encombrantes, les vignerons du Languedoc n'avaient, pour écouler leurs vins, d'autre ressource que de les transformer en alcool. Les canaux et les chemins de fer, en facilitant les transports, ont agrandi les relations et permis de consommer sous leur forme première ces généreux produits. Donc, à la vigne le vin inimitable et les eaux-de-vie de choix; à l'industrie, l'alcool, mais à l'industrie agricole, afin que notre sol et nos cultivateurs profitent des avantages que nous avons énumérés.

XII

Les gouvernements étrangers ont compris, avant nous, tout ce que les distilleries méritent d'encouragement. Loin de prohiber la distillation des céréales, même aux époques des plus grandes disettes, quelques-uns d'entre eux la favorisent en accordant des primes à l'exportation des spiritueux.

Bien moins que la France, l'Angleterre et la Belgique suffisent à leurs besoins. Chez nos voisins, le grain n'est pas simplement comme chez nous la base de l'aliment solide : le pain; il est celle de la boisson générale : la bière. L'Angleterre et la Belgique cependant se gardèrent d'interdire la distillation des céréales à l'époque où le Gouvernement français crut devoir la prohiber. Qu'en advint-il? Les importateurs de grains étrangers dirigeaient de *préférence* leurs cargaisons vers les ports étrangers, où les besoins réunis des distilleries, des brasseries et de la meunerie promettaient un meilleur placement qu'en France [1]. L'interdiction fut sans grande influence chez nous sur le prix des céréales; et tandis qu'il nous était défendu de convertir les grains en alcool, nous recevions l'alcool de grains, grâce au décret qui ouvrait nos ports aux spiritueux exotiques. Nous perdions ainsi, sans atteindre le résultat désiré — la baisse du pain — non-seulement le bénéfice de la fabrication des alcools, mais la viande et les engrais produits par les distilleries.

Tels ont été les effets de cette prohibition temporaire, fâcheuse dans ses résultats, sage dans sa cause; car, ainsi que nous l'avons dit plus haut, il s'agissait de calmer les inquiétudes populaires.

Aujourd'hui, n'est-il pas du devoir de tous ceux qui pensent, réfléchissent et calculent, d'éclairer les populations en prévision du retour possible des époques de disette, de leur faire comprendre que les distilleries sont appelées à les prévenir, en multipliant les engrais qui fertilisent les champs?

La chose n'est pas aussi difficile qu'on serait tenté de le croire. Le bon sens du peuple perce dans ses plus grands égarements. Il a vu un danger pour son alimentation dans les distilleries de grains, et, s'il s'agit des distilleries qui travaillent par les acides, il ne s'est pas

[1] La Belgique, qui n'a que 5 millions d'habitants, possède près de 500 distilleries de grains ou de racines. Chacun sait les progrès que l'agriculture a faits dans ce pays. Nous avons en France de bien grandes améliorations à réaliser avant d'atteindre à ce niveau. Les distilleries ont puissamment contribué à ce progrès. Nous n'en citerons qu'un exemple : dans le Brabant, à quelques kilomètres de Bruxelles, près de la forêt de Soignes, il existait, il y a une vingtaine d'années, des terrains incultes qui s'affermaient difficilement à 10 fr. l'hectare. La distillerie de grains de Boitsfort fut créée, ces terrains fécondés s'afferment aujourd'hui 150 fr.

trompé; mais qu'une distillerie par la macération se crée, il faut voir avec quel empressement le plus petit cultivateur vient offrir sa récolte, et chercher les précieux résidus qui lui permettront de la doubler. Hostile hier, le paysan le plus arriéré sera demain le plus chaud partisan de l'usine qui achète sa récolte, féconde ses terres, engraisse son porc ou nourrit sa vache et augmente le salaire de sa journée. Le peuple redoute tout ce qu'il ignore; mais il comprend vite ce qu'il peut voir ou toucher : il accepte avec empressement ce qui augmente son bien-être matériel, et s'en fait le chaud défenseur.

XIII

Donc, les distilleries de grains par la macération seraient facilement populaires en France si elles étaient mieux connues, si les avantages qu'elles rendent à l'agriculture étaient hautement constatés par le Gouvernement et par les Comices agricoles, qui possèdent tant de moyens d'étudier cette intéressante question.

Aucune industrie ne nous semble plus nationale, plus utile, et par conséquent plus digne de la protection et des encouragements de l'État.

Par protection, nous n'entendons pas demander que nos douanes élèvent des barrières infranchissables à l'entrée en France des produits similaires de l'étranger ([1]).

([1]) Les relevés de nos exportations faits par l'administration des douanes prouve à quel point les tarifs élevés des droits anglais sont prohibitifs. En 1859, la France a exporté 2,478,865 hectolitres de vins. Dans ce relevé, où la Belgique, la Toscane, la Suisse, figurent nominalement pour des quantités importantes, la riche Angleterre n'est pas nommée. Elle est comprise dans ce titre : *Autres destinations!*

Ce n'est pas à l'heure où un traité de commerce nous promet l'abaissement des tarifs anglais que nous nous permettrions de parler de prohibition, alors même que nous n'adopterions pas les larges et féconds principes du libre-échange. Si le libre-échange lèse quelques intérêts monopolisateurs, il répand sur les masses des bienfaits incalculables ; il est pour l'industrie un stimulant nécessaire. Le libre-échange ouvre au progrès les voies que la prohibition lui ferme.

Nous nous demandons cependant pourquoi, à ces mots *libre-échange*, on n'a pas substitué ceux-ci : *échange réciproque*, c'est-à-dire, en ce qui concerne l'industrie dont nous nous occupons, admission en France des alcools étrangers aux droits dont l'étranger frappe nos alcools. Ces droits variant ainsi suivant les provenances, tout alcool importé en France devrait être accompagné d'un certificat authentique d'origine visé par notre consul.

Nous verrions alors cesser cette anomalie de recevoir en France les alcools anglais au droit de 25 c. le litre, lorsque, en Angleterre, les alcools français paient 3 fr. 75 c.

Mais ce qu'avant toute chose nous demandons au Gouvernement, c'est d'adopter, à l'égard des distilleries, une législation définitive, afin qu'à l'abri des incertitudes créées par les décrets divers qui se sont succédés, les capitaux rassurés se portent avec empressement vers ces fécondes créations.

Ce que nous lui demandons encore, c'est l'interdiction de l'emploi des acides, interdiction motivée, comme nous l'avons établi, par les dangers de cette fabrication au triple point de vue des intérêts agricoles, de la salubrité et de l'alimentation publique.

Enfin, son intervention auprès des Compagnies de Chemins de Fer et des Canaux, pour que des tarifs réduits soient appliqués au transport des matières premières, notamment des combustibles provenant de nos charbonnages français.

Quant aux encouragements que cette industrie a le droit d'attendre, ils pourraient résulter de primes offertes tant par l'État que par les départements ou les sociétés agricoles au distillateur qui, relativement à l'étendue de ses terres et aux quantités d'alcool produites, aura engraissé, surtout élevé, un plus grand nombre de bestiaux, réalisé dans ses cultures les améliorations les plus utiles.

Les institutions de crédit à l'agriculture et à l'industrie, dont l'idée première appartient à l'Empereur, témoignent, du reste, d'une trop grande sollicitude, pour que nous ayons à tracer le programme de ces encouragements et à formuler autre chose que le vœu de voir son attention attirée vers cette industrie.

XIV

Par les services qu'elle rend à l'agriculture, la fabrication des alcools industriels mérite d'occuper le premier rang parmi les industries utiles. Malheureusement, elle n'a pas encore en France, dans notre Midi surtout, l'importance que nous voudrions lui voir dans l'intérêt de nos populations agricoles.

Forts de notre expérience, nous voyons dans les distilleries la régénération de l'agriculture. Nous avons essayé de le faire comprendre, sans nous dissimuler que notre parole n'a ni le talent ni l'autorité dont elle aurait besoin pour faire partager à tous nos convictions. N'importe : nous aurons accompli un devoir, et si nous avons réussi à attirer l'attention des hommes sérieux et spéciaux sur cette intéressante question, nous aurons atteint notre but.

Nous faisons donc appel à tous ceux qui s'intéressent au progrès national, à la presse, aux Sociétés d'agriculture, aux Comices agricoles, aux Chambres de Commerce, au Gouvernement. C'est la grande et sainte cause de l'agriculture que nous avons plaidée ; que cette question, que nous venons d'agiter, soit étudiée, que la lumière se fasse autour d'elle, et son triomphe est certain.

ROLLAND et Cie,
distillateurs à Larochefoucauld (Charente).

1er Février 1860.

Bordeaux. Imp. G. Gounouilhou, pl. Puy-Paulin, 1.

www.ingramcontent.com/pod-product-compliance
Ingram Content Group UK Ltd.
Pitfield, Milton Keynes, MK11 3LW, UK
UKHW022320170726
13837UKWH00005BA/2093

9 782329 311227